海上絲綢之路基本文獻叢書

華夷花木鳥獸珍玩考（一）

〔明〕慎懋官 選集

文物出版社

圖書在版編目（CIP）數據

華夷花木鳥獸珍玩考．一／（明）慎懋官選集．--
北京：文物出版社，2022.7
（海上絲綢之路基本文獻叢書）
ISBN 978-7-5010-7655-0

Ⅰ．①華… Ⅱ．①慎… Ⅲ．①植物－介紹－中國－古代②動物－介紹－中國－古代 Ⅳ．①Q948.52
②Q958.52

中國版本圖書館CIP數據核字（2022）第097031號

海上絲綢之路基本文獻叢書

華夷花木鳥獸珍玩考（一）

選　　集：〔明〕慎懋官
策　　劃：盛世博閱（北京）文化有限責任公司

封面設計：鞏榮彪
責任編輯：劉永海
責任印製：蘇　林

出版發行：文物出版社
社　　址：北京市東城區東直門内北小街2號樓
郵　　編：100007
網　　址：http://www.wenwu.com
經　　銷：新華書店
印　　刷：北京旺都印務有限公司
開　　本：787mm×1092mm　1/16
印　　張：10.625
版　　次：2022年7月第1版
印　　次：2022年7月第1次印刷
書　　號：ISBN 978-7-5010-7655-0
定　　價：90.00圓

總緒

海上絲綢之路，一般意義上是指從秦漢至鴉片戰爭前中國與世界進行政治、經濟、文化交流的海上通道，主要分爲經由黄海、東海的海路最終抵達日本列島及朝鮮半島的東海航綫和以徐聞、合浦、廣州、泉州爲起點通往東南亞及印度洋地區的南海航綫。

在中國古代文獻中，最早、最詳細記載『海上絲綢之路』航綫的是東漢班固的《漢書·地理志》，詳細記載了西漢黄門譯長率領應募者入海『齎黄金雜繒而往』之事，書中所出現的地理記載與東南亞地區相關，并與實際的地理狀況基本相符。

東漢後，中國進入魏晋南北朝長達三百多年的分裂割據時期，絲路上的交往也走向低谷。這一時期的絲路交往，以法顯的西行最爲著名。法顯作爲從陸路西行到印度，再由海路回國的第一人，根據親身經歷所寫的《佛國記》（又稱《法顯傳》）一書，詳細介紹了古代中亞和印度、巴基斯坦、斯里蘭卡等地的歷史及風土人情，是瞭解和研究海陸絲綢之路的珍貴歷史資料。

隨着隋唐的統一，中國經濟重心的南移，中國與西方交通以海路爲主，海上絲綢之路進入大發展時期。廣州成爲唐朝最大的海外貿易中心，朝廷設立市舶司，專門管理海外貿易。唐代著名的地理學家賈耽（七三〇～八〇五年）的《皇華四達記》記載了從廣州通往阿拉伯地區的海上交通『廣州通夷道』，詳述了從廣州港出發，經越南、馬來半島、蘇門答臘半島至印度、錫蘭，直至波斯灣沿岸各國的航綫及沿途地區的方位、名稱、島礁、山川、民俗等。譯經大師義净西行求法，將沿途見聞寫成著作《大唐西域求法高僧傳》，詳細記載了海上絲綢之路的發展變化，是我們瞭解絲綢之路不可多得的第一手資料。

宋代的造船技術和航海技術顯著提高，指南針廣泛應用於航海，中國商船的遠航能力大大提升。北宋徐兢的《宣和奉使高麗圖經》詳細記述了船舶製造、海洋地理和往來航綫，是研究宋代海外交通史、中朝友好關係史、中朝經濟文化交流史的重要文獻。南宋趙汝適《諸蕃志》記載，南海有五十三個國家和地區與南宋通商貿易，形成了通往日本、高麗、東南亞、印度、波斯、阿拉伯等地的『海上絲綢之路』。宋代爲了加强商貿往來，於北宋神宗元豐三年（一〇八〇年）頒佈了中國歷史上第一部海洋貿易管理條例《廣州市舶條法》，并稱爲宋代貿易管理的制度範本。

元朝在經濟上採用重商主義政策，鼓勵海外貿易，中國與歐洲的聯繫與交往非常頻繁，其中馬可·波羅、伊本·白圖泰等歐洲旅行家來到中國，留下了大量的旅行記，記録元代海上絲綢之路的盛況。元代的汪大淵兩次出海，撰寫出《島夷志略》一書，記録了二百多個國名和地名，其中不少首次見於中國著録，涉及的地理範圍東至菲律賓群島，西至非洲。這些都反映了元朝時中西經濟文化交流的豐富内容。

明、清政府先後多次實施海禁政策，海上絲綢之路的貿易逐漸衰落。但是從明永樂三年至明宣德八年的二十八年裏，鄭和率船隊七下西洋，先後到達的國家多達三十多個，在進行經貿交流的同時，也極大地促進了中外文化的交流，這些都詳見於《西洋蕃國志》《星槎勝覽》《瀛涯勝覽》等典籍中。

關於海上絲綢之路的文獻記述，除上述官員、學者、求法或傳教高僧以及旅行者的著作外，自《漢書》之後，歷代正史大都列有《地理志》《四夷傳》《西域傳》《外國傳》《蠻夷傳》《屬國傳》等篇章，加上唐宋以來衆多的典制類文獻、地方史志文獻，集中反映了歷代王朝對於周邊部族、政權以及西方世界的認識，都是關於海上絲綢之路的原始史料性文獻。

海上絲綢之路概念的形成，經歷了一個演變的過程。十九世紀七十年代德國地理學家費迪南·馮·李希霍芬（Ferdinad Von Richthofen，一八三三～一九〇五），在其《中國：親身旅行和研究成果》第三卷中首次把輸出中國絲綢的東西陸路稱爲『絲綢之路』。有『歐洲漢學泰斗』之稱的法國漢學家沙畹（Édouard Chavannes，一八六五～一九一八），在其一九〇三年著作的《西突厥史料》中提出『絲路有海陸兩道』，蘊涵了海上絲綢之路最初提法。迄今發現最早正式提出『海上絲綢之路』一詞的是日本考古學家三杉隆敏，他在一九六七年出版《中國瓷器之旅：探索海上的絲綢之路》中首次使用『海上絲綢之路』一詞；一九七九年三杉隆敏又出版了《海上絲綢之路》一書，其立意和出發點局限在東西方之間的陶瓷貿易與交流史。

二十世紀八十年代以來，在海外交通史研究中，『海上絲綢之路』一詞逐漸成爲中外學術界廣泛接受的概念。根據姚楠等人研究，饒宗頤先生是華人中最早提出『海上絲綢之路』的人，他的《海道之絲路與昆侖舶》正式提出『海上絲路』的稱謂。選堂先生評價海上絲綢之路是外交、貿易和文化交流作用的通道。此後，大陸學者馮蔚然在一九七八年編寫的《航運史話》中，使用『海上絲綢之路』一詞，這是迄今學界查到的中國大陸最早使用『海上絲綢之路』的人，更多地限於航海活動領域的考察。一九八〇年北京大學陳炎教授提出『海上絲綢之路』研究，并於一九八一年發表《略論海上絲綢之路》一文。他對海上絲綢之路的理解超越以往，且帶有濃厚的愛國主義思想。陳炎教授之後，從事研究海上絲綢之路的學者越來越多，尤其沿海港口城市向聯合國申請海上絲綢之路非物質文化遺産活動，將海上絲綢之路研究推向新高潮。另外，國家把建設『絲綢之路經濟帶』和『二十一世紀海上絲綢之路』作爲對外發展方針，將這一學術課題提升爲國家願景的高度，使海上絲綢之路形成超越學術進入政經層面的熱潮。

與海上絲綢之路學的萬千氣象相對應，海上絲綢之路文獻的整理工作仍顯滯後，遠遠跟不上突飛猛進的研究進展。二〇一八年厦門大學、中山大學等單位聯合發起『海上絲綢之路文獻集成』專案，尚在醞釀當中。我們不揣淺陋，深入調查，廣泛搜集，將有關海上絲綢之路的原始史料文獻和研究文獻，分爲風俗物産、雜史筆記、海防、海事、典章檔案等六個類别，彙編成《海上絲綢之路歷史文化叢書》，於二〇二〇年影印出版。此輯面市以來，深受各大圖書館及相關研究者好評。爲讓更多的讀者親近古籍文獻，我們遴選出前編中的菁華，彙編成《海上絲綢之路基本文獻叢書》，以單行本影印出版，以饗讀者，以期爲讀者展現出一幅幅中外經濟文化交流的精美畫卷，爲海上絲綢之路的研究提供歷史借鑒，爲『二十一世紀海上絲綢之路』倡議構想的實踐做好歷史的詮釋和注脚，從而達到『以史爲鑒』『古爲今用』的目的。

凡例

一、本編注重史料的珍稀性，從《海上絲綢之路歷史文化叢書》中遴選出菁華，擬出版百册單行本。

二、本編所選之文獻，其編纂的年代下限至一九四九年。

三、本編排序無嚴格定式，所選之文獻篇幅以二百餘頁爲宜，以便讀者閱讀使用。

四、本編所選文獻，每種前皆注明版本、著者。

五、本編文獻皆爲影印，原始文本掃描之後經過修復處理，仍存原式，少數文獻由於原始底本欠佳，略有模糊之處，不影響閲讀使用。

六、本編原始底本非一時一地之出版物，原書裝幀、開本多有不同，本書彙編之後，統一爲十六開右翻本。

目録

華夷花木鳥獸珍玩考（一）

華夷花木鳥獸珍玩考（一）

序至卷二

〔明〕慎懋官　選集

明萬曆間刻本

缺頁表

卷四第十頁

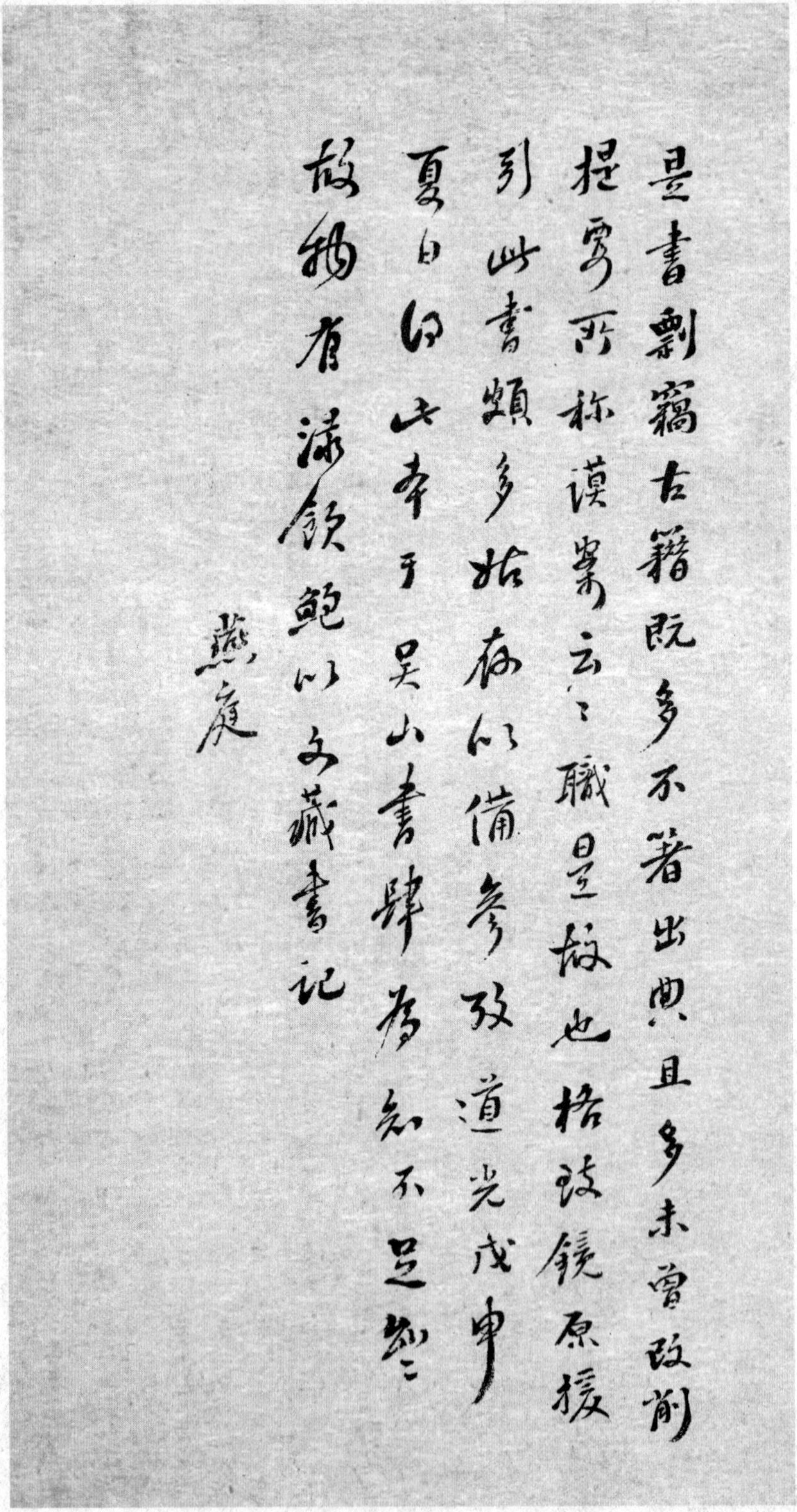

是書剿竊古籍既多不著出典且多未曾致前
提要所称謨案云云職是故也格致鏡原援
引此書頗多姑存以備參攷道光戊申
夏日得此本于吳山書肆爲知不足齋
故物有淥飲鮑以文藏書記
燕庭

梓華夷花木鳥獸珎玩考序

古之喆人抱奇毓秀問學淵碩達則敉寧宇內惠利元元窮而不耀者每每籍文字以舒其牢騷抑憤之氣即韓公子司馬子長説難史記諸篇千古而下馳心秇林者守如功令不敢渝尺寸吳興愼汝學氏自髫年慱極

羣書侍其尊甫山泉先生宦遊聞見
益閎肆三餘暇日著花木鳥獸琛玩
考八卷續考三卷雜考一卷凡六合
之内由庭階而遠届海隅悉呈于几
席閒匪但甕牖繩樞之子目眩心怡
雖當世偉人膏車秣馬以走四方者
孰是以印證化工若合左券然汝學

氏之用心良勤矣余憶官欽時去神京萬餘里奇葩異卉神禽異獸種種不可名狀而竊思愽物有餘憾焉今覩是編不覺皷掌遂書數語于簡端

萬曆辛巳秋九月武林貞陽道人李時英撰

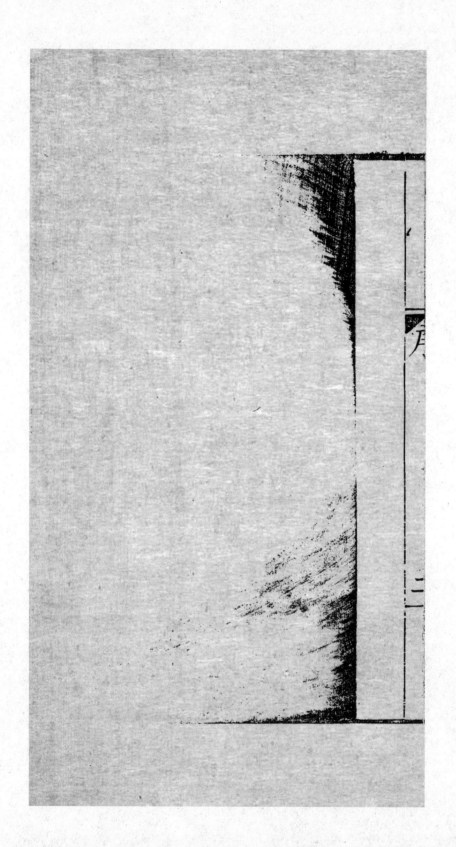

华夷花木鸟兽珍玩考序

華夷花木鳥獸珍玩考序

嘗誦學詩之訓未嘗不撫卷而嘆曰人生不可必於天者遠之事君也所可必於我者興觀群怨邇事多識之道也予治葩經游泮久矣竊志將生平所學奉使異域如識人面之魚而爲異域所增重且採諸方異物志以廣葩經之不逮誰意竽瑟難投竟爾擯棄枯朽菌芝之言雖嘗加勉於心而智慧鎡基之喻能使英雄之不濺淚乎及觀古昔名賢著立成於拂鬱之後因而憮然曰天之所以困我者或者成我後世之名歟于是意絕勳名心躭藝圃携吾父所刻名山

記循道入閩以登接笋之峯抵信以陟飛雲之閣而黄山九華齊雲五嶽之勝無不徧歷而夢游道遇雲貴兩廣之友殊域貢獻之夷凡我江浙不見之物耳目不聞之事悉摘葉以記是雖未及徧中國盡蠻貊而各方花鳥珍玩俱在我胸中矣歸而向父歷道各方之物父因謂曰大孝在乎揚名予不能矣尚其萃成多識之編以卒葩經之業聊以成其邇事之道乎郎日承命挾策衡陽述其見聞復參書史以免掛一漏萬之譏其間異物雖涉不經而亦録者豈不知子不語怪之言哉鄒聞雅乘有言矣水生蠬蚤山生金

玉人弗怪也山出嘄陽木生罔象木生畢方井生墳羊人怪之聞見鮮而識物淺也天下之怪物聖人之所獨見則子不語怪者蓋有之而不語耳所謂六合之外存而不論者是已不然博物志山海經亦古書也經漢唐而不能泯者豈非自有一段不可磨滅之識乎猶恐冗雜無倫適以啓觀者之厭復澄心易慮晝則徘徊泉石之間夜則燃燈删繁去冗第花木鳥獸珍玩三類其書浸淫而可觀書成而父歿難忘桑梓之思因以質諸友人友曰可以刻矣此書起於萬曆元年易稿有五迄今九年而後成學詩之志趨庭

之訓庶乎少酬萬一矣彼口未離黄而妄意詆訾者豈足以損予也哉是爲序

大明萬曆九年七月吳興鄭山人愼懋官書于成趣堂

華夷花木考卷之一

陵陽郡山人愼懋官選集

珊瑚樹

珊瑚生海中最深處初生色白漸長變黃以絲繩繫五爪鐵猫兒用黑鉛爲墜擲海中取之初得肌理軟膩見風則乾硬變紅色者爲貴若失時不取則蠹敗

烽火樹

積翠池中有珊瑚樹高一丈二尺一本三柯上有四百六十二條是南越王趙佗所獻號爲烽火樹至夜光景常欲然

女珊瑚

光武時南海獻珊瑚婦人帝命植於殿前謂之女珊瑚一旦柯葉甚茂至靈帝時樹死咸以爲漢室將亡之徵也

衍義曰嘗見一本高尺許兩枝直上分十餘岐將至其顛則交合連理仍紅潤有縱紋亦一異也

南宋大明七年正月乙酉鬱林珊瑚連理生大守劉勔聞于朝出宋史

琅玕

亦海底生長枝柯與珊瑚畧同舶者欲求鐵網必用

出水紅潤久旋變青枝擊有金石聲剤用堪煮汁服

三珠樹

晉王衍神姿高徹如瑤林玉樹唐王勃與兄勔勮皆才美故人號之曰三珠樹如詩人所言可入坐上三珠樹皆本諸此初不解所謂每疑以爲如稱玉樹瓊枝之流而山海經又言崑崙之墟北有珠樹文玉樹玗琪樹實皆樹也梁吳筠詩安得崑崙山偃蹇三珠樹三珠樹始荄絳葉凌朱虛山海經三珠樹生赤水上爲樹如柏葉皆爲珠後至嶺南見海商下舶者言有珠子樹其珠生于蚌中蚌生于樹上綴着不解而

樹乃生于石石在海底蜑戶鮫人泅于水中鑿石得樹其樹如楊栁枝良可愛也疑始釋然蓋亦珊瑚樹琅玕樹之生成者也又聞海中有翠荷葉盤乃天生緑石盆在水如荷葉翠色可愛出陸日久則漸淡而枯惟得水養之而以珠樹珊瑚樹植之其中尤可寶玩家大夫適采珠之時云曾見其盤

玉木

楊雄甘泉賦曰翠玉木之青葱兮璧馬犀之璘瑞李善引漢武故事則曰上起神屋前庭植玉木珊瑚爲枝碧玉爲葉若如所言則是木也蓋用珊瑚碧玉裝

飾爲之其謂翠而青葱者皆狀碧玉之色而巳非真有是木根著其地也

生金樹

影娥池有生金樹破之皮間有屑如金而色青亦名青金樹

寶樹

樹在上大林寺去天池輿行可四里而遥幾及山麓矣樹有二其一亭亭道傍扶疏四垂妙好端正若浮屠所畫瓔珞琪樹者相傳一異僧自西土移來近忽出一瘿作人狀僧輩以爲大士像云其一生澗旁枝

葉覆廕根出石間泉瀧瀧流其上樹之美故讓道旁者而所據勝不啻過之 王世懋游匡廬山記

銕樹

吳浙間嘗有俗諺云見事難成則云須銕樹花開余於横之馴象衛殷指揮貫家園中見一樹高可四三尺幹葉皆紫黑色葉小類石楠質理細厚余問之殷云此銕樹也每遇丁卯年乃花吾父丁卯生其年花果開移置堂上置酒歡飲作詩稱慶其花四瓣紫白色如瑞香瓣較少團一開累月不凋嗅之乃有草氣余因憶銕樹花開之説且謂不到此地又焉知真有

是物耶

君子樹

華林園君子樹三株

日給花　王右軍來禽帖有日給藤子是也

杜恕篤論日給之花似柰柰實而日給虛虛僞之與眞相似也

女香樹

影娥池有女香樹細枝葉婦人帶之香終年不減

止女木

司馬相如賦云豫章正女木長千仞大連抱冬夏常

青未嘗凋落若有正節故以爲名　一名女貞樹

風流樹

施州慢水寨有木名普舍樹普舍華言風流也昔覃氏祖於東門關伐一異木隨流至地名那車復生根而活四時開百種花覃氏子孫歌舞其下花廼自落取而簪之他姓人往歌花不復落尤爲異也見湖廣通志

無憂樹

女人觸之花方開

男青　文青

男青木名見羅浮山記　文青亦木名見道藏有女青

鬼律

倒生木

此木依山生根在上有人觸則葉翕人去則葉舒出東海

拘尼陀樹

花見月光即開

尸利沙樹

足蹈即長

黏樹

孤樹池池中有洲洲上黏樹一株六十餘圍望之重

重如盖故取爲名

木禾

崑崙之墟上有木禾長五尋大五圍木禾谷類也生黒水之阿可食見穆天子傳

聖木

聖木食之令人智聖也

迷穀

迷穀出招搖山亦名鵲山其樹如穀又如楮其花四照名曰迷穀如佩之令人不迷

畢鉢羅樹

畢鉢羅樹即菩提樹出摩伽陀國在摩訶菩提寺蓋釋迦如來成道時樹一名思惟樹莖榦黃白枝葉青翠經冬不凋至佛入滅日變色凋落過巳還生至此日國王人民大作佛事收葉而歸以爲瑞也樹高四百尺巳下有銀塔周迴繞之彼國人四時常焚香散花繞樹作禮唐貞觀中頻遣使往於寺設供并施袈裟至顯慶五年於寺立碑以紀聖德此樹梵名有二一曰賓撥梨力叉二曰阿濕曷哋婆力义西域記謂之畢鉢羅以佛於其下成道即以道爲稱故號菩提婆力义漢翻爲樹昔中天無憂王剪伐之令事火婆

羅門積薪焚焉熾焰中忽生兩樹無憂王因懺悔號
灰菩提樹遂周以石垣至賞設迦至復掘之至泉其
根不絶坑火焚之漑以甘蔗汁欲其燋爛後摩揭陁
國蒲昔王無憂之曾孫也乃以千牛乳澆之信宿樹
生故舊更增石垣高二丈四尺玄奘至西域見樹出
垣上二丈餘

優鉢羅花

嘗聞佛家有優鉢羅花本草爾雅諸所不載意爲幻
言也及見胡致堂云奉佛者每假樹木花草爲佛之
名愚惑世道故以仙人栢爲羅漢松三春栁爲觀音

梛獨腳蓮名觀音蓮薏苡子爲菩提子大林擒爲貧婆菓金蓮花爲優鉢羅花然又聞北京禮部儀制司後堂舊有千葉青蓮花開時四月初八至冬結如鬼蓮蓬脱去其衣中有金色佛一座因名爲此花昨讀岑嘉州集有優鉢羅花歌則又知其實有此花其歌之序云交河小吏有獻此花云得之於天山之南其狀異於衆草勢巃嵸如冠弁嶷然上聳生不傍引攢花中折駢葉外包異香盈叢最秀色媚景其歌云白山南赤山北其間有花人不識緑莖碧葉好顏色葉六瓣花九房夜掩朝開多異香何不生彼中國兮生西

方移根在庭媚我公堂耻與衆草之爲伍何亭亭而獨芳何不爲人之所賞兮深山窮谷委嚴霜吾竊悲陽關道路長曾不得獻於君王

娑羅樹

娑羅樹出西番海中余在潯州時官圖一株甚巨每枝生葉七片有花穗甚長而黄如粟花秋後結實如栗可食正所謂七葉樹也今餘杭南安寺前二株左右對植甚茂問之土人皆不知其名一僧乃云相傳是娑羅樹番僧所植者此不謬矣唐李邕娑羅樹碑云惡禽不集凡草不庇東瘁則青郊苦而歲不稔西

茂則白藏泰而秋有成是也第以段成式之博雅而曰花開如蓮則大悖耳其樹詳于佛書維摩詰經有菴羅樹唐會要云菩提樹一名皮羅樹葉似白楊即思惟樹一名成道樹西域記名畢鉢羅又雙樹名娑羅樹其花名娑羅法今所稱娑羅法門也盖娑婆音同故互言之耳今月中樹影皆曰閻浮山娑婆樹影即此歐陽永叔娑羅樹云伊洛多奇木娑羅舊得名常于佛家見宜在月中生

娑羅綿樹

黎州通望縣有銷樟院在縣西一百步内有天王堂

前古栢樹下有大池池南有娑羅綿樹三四人連手合抱方匝先生花而後生葉其花盛夏方開謝時不背而墮宛轉至地其花葉有綿謂之娑羅棉善政鬱茂達時枯凋

木緜樹

高大其實如酒杯皮薄中有如絲綿者色正白破一實得數觔廣州日南交趾合浦皆有之　綿花紫白二種廣西通志

綸木

咸寧縣有穿州其上多綸木似穀皮可以為綿

沙棠

槐江之山有木焉其狀如棠華黃赤實其味如李而無核名曰沙棠可以禦水食之使人不溺　漢成帝常與趙飛燕游太液池以沙棠木爲舟其木出崑崙山人食其實入水不溺詩曰安得沙棠木刳以爲舟船

強木

強木造船其上多飾珠玉以爲遊戲強木不沉木也

丹木

方一寸以百觔巨石縋之終不沒

崦嵫之山其上多丹木其葉如穀其實大如瓜赤符而黑理食之已癉可以御火

愼火

南越志曰廣州有樹可以禦火山北謂之愼火或謂之戒火多種屋上以防火也但南中無霜雪故成樹

常春木

杜陽編李輔國鳳首木高一尺雕刻鸞鳳之狀形枯槁毛羽脫落不甚盡雖凝寒之時置諸高堂大厦之中而和煦之氣如二三月故別名爲常春木縱烈火焚之終不燋黑焉

不灰木

圖經曰不灰木出上黨今澤潞山中皆有之盖石類也其色青白如爛木燒之不然以此得名或云滑石之根也出滑石處皆有亦名無灰木採無時今處州山中出一種松石如松幹而實石也或云松久化爲石人家多取以餙山亭及琢爲枕雖不入藥然與不灰木相類故附之　予有刀柄乃不灰木然不能點燈後見格古要論云用石腦油醮之點燈方知如空青必貯之古銅器中月以水濕之不枯死也蘇合丸藏用荷葉包裹然後不乾相同

不炭木

開山圖云徐無山出不炭之木其木色黑似炭而無葉

放杖木

放杖木生温括睦婺山中樹如木天蓼老人服之浸酒服之一月放杖故以爲名也

椐

說文樻木也徐按爾雅椐樻注木腫節可爲杖詩其檉其椐注椐節中腫今人以爲杖卽靈壽是也　服虔曰靈壽木名師古曰木似竹有枝節長不過八九

尺圍三四寸自然有合杖制不須削治也　賜太師孔光靈壽杖

汗杖

東方朔西那汗國廻得聲木十枚帝以賜大臣人有疾則杖汗將死則折里語生年未半杖不汗

木生花如人首

大食西南二千里山谷間有木生花如人首與語輒笑則落　一云大食王國在西海中有一方石石上多樹幹赤葉青枝上總生小兒長六七寸見人皆笑動其手足頭著樹枝使摘一枝小兒便死

鸚鵡喚花開

許漢陽舟行迷入一溪夾岸皆花苞忽一鸚鵡喚花開一聲花苞皆折中各有美女長尺許能笑言至暮花落女亦隨落水中

紫緋樹

出眞臘國眞臘國呼爲勒佉亦出波斯國樹長一丈枝條鬱茂葉似橘經冬而凋三月開花白色不結子天大霧露及雨霑濡其樹枝條即出紫緋波斯國使烏海又沙利深所說並同眞臘國使折衝都尉沙門陁沙尼拔陁言蟻運土於樹端作窠蟻壤得雨露凝

結而成紫緋崑崙國者善波斯國者次之

淨土樹

在高陵縣南八里俗傳西域鳩摩羅什憇此覆其履土遂生茲樹二月開如楊花八月結實狀如小栗殼中皆黄土

韓木

九域志金城山上有韓木乃文公所植不知其名士人觀其花之疎密以知登第之多寡

文筆樹

中書舍人周惠疇之先隴有一樹儼如卓筆此樹方

盛則出中書一少衰其人輒死人謂之文筆樹自其祖用珍父養浩至惠疇樹凡三盛矣皆爲此官今之暢茂特過于昔盖惠疇之兄亮采亦登進士爲行人云

亏樹

在全羅道光州南門外枝幹輪囷大數十圍高七十餘尺邑人以發葉早晚占年之豐歉今枯

楠樹

黄金山有楠樹一年東邊榮西邊枯後年西邊榮東邊枯年年如此張華云交讓樹也

蚊子樹

有樹如冬青實生枝間形如枇杷子每熟即坼裂蚊子羣飛唯皮殼而已土人謂之蚊子樹

天符葉

榕山山上有天符葉如荔枝葉而長有紋如蟲蝕篆不知何本或以爲劉真人僊蹟蘇軾詩天師化去知何日玉印相傳世共珍故國子孫今尚在蒲山秋葉豈能神

石樓樹

案消山有石樓樹吳太皇元年郡吏伍曜於海際得

之枝莖紫色有光南越謂之石連理也

丹青樹

終南山多合離樹葉似江離而紅緑相雜莖皆紫色氣如羅勒其樹直上百尺無枝上結蘩條狀如車盖一青一丹斑駁如錦繡長安謂之丹青樹

長春樹

燕昭王種長春樹葉如蓮花樹身似桂樹花隨四時之色春生碧花春盡則落夏生紅花夏末則凋秋生白花秋殘則萎冬生紫花遇雪則謝

長生樹

鄴中記曰金華殿後有皇后浴室種雙長生樹枝條交於棟上團圍車蓋形冬日不彫葉大如掌至八九月乃生華華色白子赤大如橡子不中喫也世人謂之西王母長生樹

萬箭樹

永昌府段氏時撲蠻作盜出沒於此故過者射其樹以厭之至今猶爾樹高五丈餘箭鏃如蝟毛然

五柞樹

五柞宮有五柞樹皆連三抱上枝蔭覆數十畝

千年木

在劍州西八十五里古延福寺內嘗有古木一株甚巨二白羊往其下近之則不見

黃葛木

忠州景德觀前有古木大數十圍枝柯盤鬱如盖山中人云此黃葛木千年物也

楓

說文木厚葉弱枝善搖一名欇欇　似白楊有脂而香者謂之香楓其脂名楓香　楓樹菌食之令人笑不止惟飲土漿皆差　廣西南寧府所屬有橫州其地楓始生葉有蟲食之蟲形似蠶而赤黑四月間熟

亦如蠶之將絲州人擘取其絲光明如琴絃海濱蛋人蠐之作釣緡甚適於用　謨按楓木連抱大者甚多並結毬而不結子本經以為大楓子內附但載土治餘無一言誠可恠也今詢市家所得咸云海船貿來疑必外番楓木別有一種生者不然何獨指此為名而不言他木耶姑述之以俟識者再教

楓生人

江東江西山中多有楓木人於楓樹下生似人形長三四尺夜雷雨卽長與樹齊見人卽縮依舊曾有人合笠於明日看笠子挂在樹頭上旱時欲雨以竹束

其頭襖之卽雨人取以爲式盤極神驗楓木棗地是
也

爨枎楓

在黃梅縣西之東禪寺有老楓樹數株柯生常云是
六祖禪師插爨枎所生今止存一株在寺前

木蓮樹

生巴峽山谷間巴民亦呼爲黃心樹大者高五丈涉
冬不凋身如青楊有白文葉如桂厚大無脊花如蓮
（大理府有青黃紅白四種）香色豔膩皆同獨房蕊有異四月初始
開且開迨謝僅二十日忠州西北十里有鳴王谿生

者穠茂尤異元和十四年夏命道士毋丘元志寫惜其遐僻因題絶句　如折芙蓉栽旱地似抛芍藥樹高枝雲埋水隔無人識唯有南賓太守知　晝木蓮花圖寄元郎中花房膩似紅蓮朵艷色鮮如紫牡丹唯有詩人應解愛丹青寫出與君看

偃桑

東方有樹焉高八十丈敷張自輔其葉長一丈廣六七尺名曰桑其上自有蠶作繭長三尺繰一繭得絲一觔有椹焉長三尺五寸圍

三桑

歐絲之東在大踵東一女子跪據樹歐絲三桑無枝
在歐絲東其木長百仞無枝

扶桑

扶桑在碧海之中地方萬里上有太帝宫太真東王父所治處地多林木葉皆如桑又有椹樹長者數千丈大二千餘圍樹兩兩同根偶生更相依倚是以名爲扶桑仙人食其椹而一體皆作金光色飛翔空玄其樹雖大其葉椹故如中夏之桑也但椹稀而色赤九千歲一生實耳味絶甘香美　玄中記云天下之高者扶桑無枝木焉上至天盤蜿而下屈通三泉也

扶桑南齊時聞焉廢帝永元初其國有沙門慧深來至荆州説云扶桑木葉似桐初生如笋國人食之實如梨而赤績其皮爲布以爲衣亦爲錦作板屋無城椁有文字以扶桑皮爲紙　杰公嘗與諸儒語及方域云東至扶桑扶桑之蠶長七尺圍七寸色如金四時不死五月八日嘔黄絲布於條枝而不爲繭脆如綖燒扶桑木灰汁煑之其絲堅韌四絲爲係足勝一鈞蠶卵大如鷰雀卵産於扶桑下齎卵至句麗國蠶變小如中國蠶耳　俄而扶桑國使使貢方物有黄絲三百觔卽扶桑蠶所吐扶桑灰汁所煑之絲也

帝有金爐重五十觔係六絲以懸鑪絲有餘力

空桑

空桑生大野山中爲琴瑟之最者空桑也

檿絲

出棲霞青萊亦有之絲韌中琴瑟之絃蘇氏曰爲繒堅韌禹貢曰萊夷作牧厥篚檿絲是也繭生山桑不浴不飼居民取之製爲紬久而不敝

野桑

野桑生石上取以爲弓不膠漆而利

謨按木部之中惟桑寄生最難得其真者必須近

海桑樹生意郁濃地暖不蠶葉無採捋節間自然
生出纏附桑枝採得陰乾乃可入藥

海漆

瓊山縣出花如芍藥俗名倒粘子漬爲膠可代柿油
宋蘇軾命以此名

黃漆樹

百濟西南海中有三島出黃漆樹似小榎樹而大六
月取汁漆器物若黃金其光奪目

陰柘木

南海商人齎火浣布三端帝以雜布積之令杰公以

他事召至於市所杰公遥識曰此火浣布也二是緝木皮所作一是績鼠毛所作以詰商人具如杰公所說因問木鼠之異公曰木堅毛柔是何别也以陽燧火山陰柘木爇之木皮改常試之果驗

白䓘

侖者之山有木焉其狀如穀而赤理其汗如漆其味如飴食者不饑可以釋勞其名曰白䓘可以血玉

檉

說文河柳一曰赤莖柳葉細如絲似栢而香詩其檉其椐注疏云河旁赤莖小楊陸璣云一名雨師爾雅

翼云天將雨檉先起氣應之故名雨師而字以聖前西域傳鄯善國出檉柳段成式云赤白檉出涼州大者無炭人以灰汁煑銅可以爲銀　通志云材可卷盤合前西域傳奄蘇國檉松　爾雅河柳也俗呼天杉其樹似松皮赤葉細性温其材可以捲胚鋸板鋪樓無篵聲遇火燒透不延　赤檉木人謂之三春柳以其一年三秀也

僊樹

祁連山上有僊樹行旅得之止饑渴一名四味木其實如棗以竹刀剖則甘鐵刀剖則苦木刀剖則酸蘆

刀剖則辛

水偃樹

枸樓國有水偃樹腹中有水謂之偃漿飲者七日醉

獨本葱

元初馬湖蠻歲以獨本葱來獻郡縣疲於遞送元貞
初罷之

繫象樹

酉陽雜俎云乾陁國頭河岸有繫白象樹花葉似棗
采冬冬方熟相傳此樹滅佛法亦滅

龍腦

其清香爲百藥之先於茶亦相宜多則掩茶氣味萬物中香無出其右者西方林羅短吒國在南印度竟有羯布羅香榦如松株葉異濕時無香採乾之後折之中有香狀類雲母色如氷雪此龍腦香也

兜木香

燒去惡氣除病疫漢武帝故事西王母降上燒兜木香末兜木香兜渠國所獻如大豆塗宮門香聞百里關中大疾疫死者相枕燒此香疫則止內傳云死者皆起此則靈香非中國所致標其功用爲衆草之首焉

返魂樹

聚窟州有返魂樹伐其根心於玉釜中煑取汁又熬之令可丸名曰驚精香或名震靈丸或名返生香或名卻死香死屍在地聞氣即活

返魂香

東方朔曰月氏國使者獻香曰東風入律百旬不休青雲干呂連月不散意中國將有好道之君故搜奇蘊異而貢神香乘𣲍牛以濟弱淵策驥足以度流沙今十三年矣香能起夭殘之死疾下生之神藥也疾疫夭死者將能起之以薰牙及聞氣者即活明日失

使者所在後元元年長安疫死者大半帝分香燒之死未三日皆活芳氣三月不歇餘香一旦失亡　太倉劉家河天妃宮永樂初建以僧守奉香火一日僧自外歸見厨下鍋中湯沸揭而視之見二卵煑將熟詢于僕言行童於鸛　巢中取者僧命還之巢中僕曰卵已熟矣還之無生理僧曰吾豈望其生但免其鸛之悲鳴而已後數日忽出二雛僧異之令僕探其巢見一木尺許五彩錯雜成錦紋香風馥郁持以與僧供之佛前後有倭入貢因風打舟至劉家河收港泊舟登岸入寺拈香見佛前所供之木問僧買之僧

給之曰此香是三寶大監捨供天妃宫者豈敢賣錢有能盖造後殿觀音閣者則與之倭曰我是入貢之人安可留以待閣成但願酬之以價因與白金五百兩僧得厚利遂與之去後數年倭人復來入貢訪前老僧已故矣因留金作享其徒詢所取之香何物也倭曰此僊香也焚之死人之魂復返聚窟州所出返魂香是也

茶蕪香

燕昭王時有波弋之國貢茶蕪香若焚着衣彌月不絶所過地土石皆香經朽木腐草皆榮秀用薰枯骨

則肌肉再生出獨異志

都夷香

如棗核食一片則歷月不饑以粒如粟米許投水中俄而滿大盂也

煖香

寶雲溪有僧舍盛冬若客至不燃薪火煖香一炷滿室如春人歸更收餘燼出雲林異景志

降真香

出黔南拌和諸香燒煙直上天召得鶴盤旋於上又云生大秦國又云出南海山中主天行時氣宅舍怪

異並燒悉驗之又神仙傳燒之引鶴降醮星辰燒之
此香爲第一

藿香

藿香樹生千歲根本甚大伐之四五年木皆朽敗唯
中節堅固芬香獨存取以爲香

萬歲棗木香

出三佛齊樹類絲瓜冬取根曬乾

明天發日香

香出胥池寒國地有發日樹言日從雲出雲來掩日
風吹樹枝拂雲開日光也亦名開日樹樹有汁滴如

松脂也

安息香

樹如苦楝大而直葉類羊桃而長中心有脂作香三佛齊志安息香樹脂其形色類核桃穰不宜于燒然能發衆香故人取以和香

艾納

本草松皮上蘚衣也合諸香燒之其煙團聚青白可愛

篤耨香

樹如杉檜香藏於皮老而脂自流溢者名白篤耨冬

月因其凝而取之名黒篤耨盛之以瓢碎瓢而爇之
亦有香名篤耨瓢

速暫香

出眞臘者爲上伐樹去木而取香者謂之生速樹仆
木腐而香存者謂之熟速其樹木之半存者謂之暫
香黄而熟者爲黄熟通黒者爲夾箋　葉廷珪香譜
黄熟桶皮堅而中腐形如桶謂之黄熟桶香

乳香

出三佛齊樹似榕以刀斫之脂溢于外凝結而成其
爲品十有六有滴乳餅乳袋乳黒榻纏末之別

奇南香

出占城在一山所產酋長差人禁民不得採取犯者斷其手

女香樹

影娥池有女香樹細枝葉婦人帶之香終年不臧

麝香木

氣似麝臍

雞舌香

杜薄出雞舌香可含以香不入衣服雞舌其爲木也氣辛而性厲禽獸不能至故未有識其樹者華熟自

零隨水而出方得之　唐本注云雞舌樹葉及皮並似栗花如梅花子似棗核此雌樹也不入香用其雄樹雖花不實採花釀之以成香出崑崙及交愛以南

婆律樹

婆利國有婆律樹高八九丈瘦者出龍腦肥者出婆律香又云一本五香根旃檀節沉香花雞舌膠薰香沉香清桂香馬蹄香雞骨香煎香同是一本其木類椿櫸多節取之先斷其木根積年皮幹俱朽心與節不壞者乃香也細枝緊實爲青桂香黒而沉水爲沉香年沉浮爲雞骨香最麁爲棧香又云沉者爲沉

浮者爲檀似雞骨爲雞骨香似馬蹄爲馬蹄香似牛
頭爲牛頭香最粗者爲棧香又有熟結生結丁謂在
海南作天香傳云四香凡四十二狀皆出於一木實
化雷高中國出香之地北海南優劣不侔矣既所禀
不同又售者多而取之速是以黄熟不待其稍成棧
沉不待其香足盖趨於棧賊之地也非同瓊莒非時
不妄剪伐　沉之良者惟在瓊崖等州俗謂之青桂
氣尤清在土中歲久不待刓剔而成者謂之龍鱗亦
有削之自卷咀之柔韌者謂之黄蠟沉尤難得也
花梨木雞翅木土蘇木皆産于黎山中取之必由

黎人外人不識路徑不能尋取黎衆亦不相容耳又產各種香黎人不解取必外人機警而在內行商久慣者解取之嘗詢其法於此輩曰當七八月晴霽遍山尋視見大小木千百皆凋悴其中必有香凝結乘更月揚輝探視之則香透林而起用草繫記取之大率林木凋悴以香氣觸之故耳其香美惡種數甚多一由原木質理粗細非香自爲之種別也見海槎餘錄

沉香出眞臘者爲上占城次之

檀香

樹與葉似荔枝

薔薇水

即薔薇花上露花與中國薔薇不同土人多取其花浸水以代露故多僞者以琉璃瓶試之翻搖數四其泡周上下者爲真

古詩香事

王直方詩話云古詩曰博山鑪中百和香鬱金蘇合及都梁又曰氍毹五木香迷迭及都梁按廣志都梁香出交廣形如藿香迷迭出西域魏文帝有迷迭賦信乎不行一萬里不讀萬卷書豈不可看老杜詩也

阿勃參

阿勃參出佛林國長一丈餘皮色青白葉細兩兩相對花似蔓菁正黄子似胡椒赤色斫其枝汁如油以塗癬疥無不瘳其油極貴價重千金

摩厨

南州異物志曰木有摩厨生于斯調國其汁肥潤其澤如脂膏馨香馥郁可以煎熬食物香美如中國用油

蘇合油

樹生膏可爲藥　三佛齊國志以濃而無滓者爲上

蘇合是合諸香汁煎之非自然一物也又云大秦人採蘇合先笮其汁以爲香膏乃賣其滓與諸國賈人是以展轉來達中國不大香也見梁書

鬱金

獨出罽賓國華色正黃而細與芙蓉華裏被蓮者相似國人先取以上佛寺積日香槁乃糞去之賈人從寺中徵顧以轉賣與佗國也見梁書

萐莆

萐莆者其狀如蓬枝多葉少根如絲葉如扇不搖自動風生主庖厨清凉驅殺蟲蠅以助供養堯時生於

庖厨爲帝王去惡孫柔王克白虎皆云太平時萐生於庖厨中爍一炬火爨一鑊水終日不能熱倚一尺氷置之熟厨終夜不能寒

阿魏

三佛齊志阿魏樹不甚高土人納竹筒于樹稍脂滿其中冬月破筒取脂即阿魏也或曰其脂最毒人不敢近每採時繫羊樹下自遠射之脂之毒着于羊羊斃即爲魏　唐本注云苗葉根莖酷似白芷擣根汁日煎作餅者爲上截根穿暴乾者爲次體性極臭而能止臭亦爲奇物也　蕭炳云今人日煎蒜白爲假

者　拂林國僧彎所說同摩伽陀僧提婆言取其汁和米豆屑合成阿魏　雷公云凡使多有訛僞其有三驗第一驗將半銖安於熟銅器中一宿至明霑阿魏處白如銀永無赤色第二驗將一銖置於五斗草自然汁中一夜至明如鮮血色第三驗將一銖安於柚樹上樹立乾便是真

人參

高麗誌讚云三椏五葉物生小者一椏五葉年久漸生三椏葉並生于椏之端也背陽向陰欲來求我椵音假樹相尋其樹類梧桐大葉蔽日陰濃故多生樹底種類畧殊形色弗一紫團參紫大稍匾出潞州紫

團山屬山西白條參俗呼羊角參白堅且圓出邊外百濟國
今臣屬高麗黃參生遼東上黨古郡名在冀州西南黃潤有鬚稍纖
長高麗參俗呼韃參近紫體虛新羅國名參亞黃味薄並堪
主治須別麁良獨黃參功効易臻人啣走氣息自若
唐本注云凡試上黨參令一人啣之一人不啣同走二里許不啣者必喘啣者氣息自若此爲異也肖
人形神具如人形雙手足者神力俱全最爲難得而人參之名亦因相類著也類雞腿
力洪雷公云凡使大[illegible]堺類雞腿者良[illegible]取春間因汁升萌芽抽梗
春參無力錐用一兩不如秋參一錢重[illegible]採秋後得汁降結暈成膠布
金井玉闌入方劑極品和[illegible]留久不蛀每參一觔和細辛一
兩封固蔴罐中末不蛀壞去蘆模[illegible]

片腦

浡泥片腦樹如杉檜取之者必齊沐而往其成片似梅花者爲上其次有金脚速腦米腦蒼腦札聚腦又一種如油名腦油

没藥

三佛齊没藥樹高大如松皮厚一二寸採時掘樹下爲坎用斧伐其皮脂流于坎旬餘方取之

血竭

三佛齊血竭樹畧同没藥採亦如之

藥樹

出浡泥國有藥樹取其根煎爲膏服之及塗其體兵刀所傷皆不死

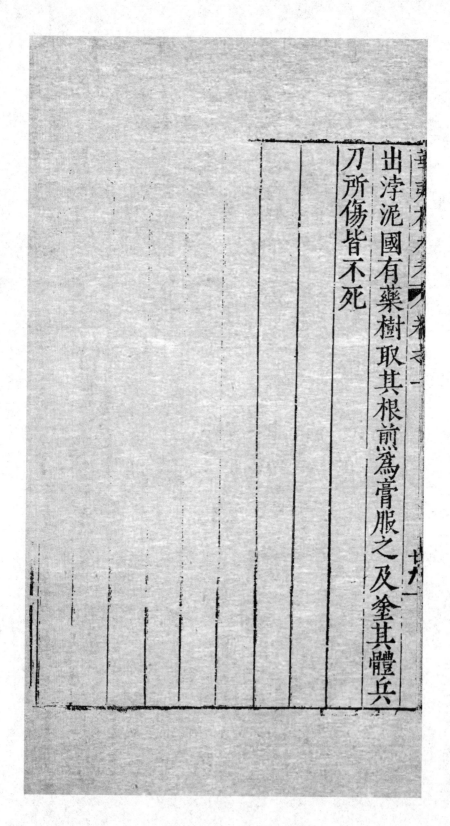

華夷花木考卷之二

陵陽郡山人愼懋官選集

酒樹

頓遜國有酒樹如安石榴華汁停盃中數日成酒而醉人

椰子樹

初栽時用鹽一二斗先置根下則易發其俗家之周遭必植之木餘最長至丈大方結實當摘食時在五六月之交去外皮則殼實圓而黒潤肉至白水至清且甜飲之可祛暑氣今行商懸帶椰瓢是其殼也又

有一種小者端圓堪作酒盞出于文昌瓊山之境他處則無也　今之椰盃產於交廣相傳林邑王與越王有怨遣刺客得其首因梟於樹已而化爲椰子林邑王憤之乃命製爲飲器越當刺時方大醉故今椰漿味尚如酒飲之可醉然予嘗記烏孫國有青田核如五六升瓠空之盛水俄而成酒宋有劉章者得二枚集賓設之一核才盡一核又熟可供二十客豈亦椰之類耶但椰漿素所醞而核之酒則臨時所釀此爲特異竟亦莫知爲何木也　瓜哇志酒出于椰子及蝦蟆丹樹　取其殼爲酒器如酒中有毒則酒沸

起今人皆漆其裏則全失用椰子之意

嚴樹

瓊州府出檮其皮葉浸以清水以粳釀和之或取石榴花葉和釀醞之數日成酒能醉人

加蒙樹

二樹心可爲酒　茭漿酒　真臘茭漿酒茭葉之漿

酴醾花

成都縣出蜀人取之造酒

河邊木

河邊木令飲酒不醉五月五日取七寸投酒中二徧

飲之必能飲也

酸角

臨安酸角狀如猪牙皂角浸水和羹酸美過於中原法醋　大明一統賦酸角菜名

君遷子

君遷子生海南樹高丈餘其實中有乳汁甜美香好

木蜜

崔豹古今注云木蜜生南方合體甜軟可噉味如蜜老枝煎取倍甜止渴也

鳳尾蕉

成都府江瀆廟前有樹六株世傳自漢唐以來即有之其樹高可五六十丈圍約三四尋挺直如矢無他柯榦頂上纔生枝葉若椶櫚狀皮如龍鱗葉如鳳尾實如棗而加大每歲仲冬有司具牲饌祭畢然後採摘金鼓儀衛迎入公廨差點醫工以刀逐箇劖去青皮石灰湯焯過入熬熟冷蜜浸五七日漉起控乾再換熟蜜如此三四次却入瓶缶封貯進獻不如此修製則生澁不可食泉州萬年棗三株識者謂即四川金果也番中名爲苦魯麻棗盖鳳尾蕉也

鳳止棠

陝州陝石縣山中有棠一株甚偉古老傳云鳳止棠正觀初有鳳止此木其後結實尤大如合掌狀團圞婉轉有赤黄之色其馨香脆美乃諸果之王職貢之珍也刺史韋堅爲銘刻於石紀異記

罽葱思檀樹

撒馬兒罕罽葱思檀樹葉類山茶實類銀杏而小

没石子

樹如樟開花結實如中國茅栗

優曇鉢

優曇鉢似琵琶無花而實

無花果

無花果生山野中今人家園圃中亦栽葉形如葡萄葉頗長硬而厚稍作三义枝葉間生果初則青小熟大狀如李子色似紫茄色味甘

海松子

海松子生新羅如小栗三角其中仁香美東夷食之當果與中土松子不同

榛子

榛子生遼東山谷樹高丈許子如小栗軍行食之當糧中土亦有

白緣

交州記曰白緣樹高丈實味甘美於胡桃

胡桃

此果本出羌胡漢張騫使西域還始得其種植之秦中後漸生東土故曰陳倉胡桃薄皮多肌陰平胡桃大而皮肥急捉則碎江表亦嘗有之梁沈約集有謝賜樂遊園胡桃啓乃其事也今京東亦有其種而實不佳南方則無

蘋婆

大如柑橘色青山東多有之出青州者獨佳亦曰平

坡見藏經

枇杷樹

無論國隋時聞焉在扶南西二千餘里其國大道左右夾種枇杷樹及諸華果行其下常有玄陰十里一亭亭皆有井食麥飯飲蒲桃酒如膠若飲卽以水和之味甚甘美　枇杷葉一名無憂扇

蘆橘

今廣東呼枇杷爲蘆橘知府龎公振卿言之

種枇杷

尋常以淋過淡灰擁根頭則花多而實大

山枇杷

深山老去惜年華况對東溪野枇杷火樹風來翻絳豔瓊枝日出曬紅紗廻看桃李都無色映得芙蓉不是花爭柰結根深石底無因移得到人家

建業野人種梨者詫其味曰蜜父種枇杷者恃其色曰鶴兄

大藥

有大如斗者味極甘美出鍔康州

東牆

韃靼東牆似蓬草實如穄子十月始熟

文林郎

本草云出渤海如李如林檎其樹自河中浮來得之者爲文林郎因名山東通志濟南府

文官果

出青州德州四稜内有仁如螺外蔽以房唐德宗出狩道旁有以是果獻者遂官其人故名或曰其種類自文官得之

菴摩羅

榜葛剌菴摩羅香酸甚佳

菴羅果

俗云香蓋乃果中極品或謂種出西域實似北梨四
五月間熱多食無害

人面子

春華夏實秋熟甘酸可食兩邊似人面出鬱林州

楸子

其色赤味甘而酸居人取其汁爇爲果單

木威

洞南有喬木似栟櫚熟視葉間有實纍生似橄欖問
從者蓋木威也木威本草經無有宜州諸城皆多有
之風俗取豚膾合之爲鱔盤中珍膳也佃夫曰廣東

盖號爲烏欖猶邑貴間謂波斯橄欖云木威之葉廣東西人用作雨衣柔韌密緻勝青箬也 宋黄庭堅游龍水城南記

橄欖

橄欖生嶺南今閩廣諸郡皆有之木似木槵而高且端直可愛二月有花生至八月乃熟其子先生者向下後生者漸高味苦酸而澁食久味方回甘昔人名爲諫果南人尤重之人誤食鯸鮐肝至迷悶者飲其汁立差山野中生者子繁而木峻不可梯緣但刻其根下方寸許内鹽於中一夕子皆落木亦無損二云以鹽擦木身則其實自落故東坡有紛紛紅紫落青

鹽之句今取銀杏以竹篾箍其本擊篾自落殆不可曉其枝節間有脂膏如桃膠南人採得并其皮葉煎之如黑餳謂之欖糖用膠船著水益乾牢於膠漆以其木作楫撥着魚皆浮出物之相畏有如此者　邕州又有一種波斯橄欖與此無異但其核作三瓣可蜜漬食之　味諫軒在府治北宋岳珂桯史云戎州有蔡次律者家于近郭黃庭堅嘗過之延飲小軒檻外植餘甘子數株因乞名題曰味諫軒後王子予以橄欖遺之庭堅詩云方懷味諫堂中果忽見金盤橄欖來想共餘甘有瓜葛苦中真味晚方回

餘甘

餘甘惟泉州有之乃深山窮谷自生之物非人家所種其樹稍高其子梭形又如梅實兩頭銳有刺始嚼味酸澁飲水乃甘九月採比之橄欖酷相似以蜜藏之亦佳

巴欖

拂菻巴欖

檳榔

俞益期與韓康伯牋曰檳榔信南遊之可觀子既非常木亦特奇大者三圍高者九丈葉聚樹端房葉下

華秀房中子結房外其擢穗似黍其綴實似穀其皮似桐而厚其節似竹而稊其內空其外勁其屈如覆虹其申如縋繩本不大末不小上不傾下不欹稠直亭亭千百若一步其林則寥朗庇其蔭則蕭條信可以長吟可以遠想矣性不耐霜不得北植必當遐樹海南遼然萬里弗遇長者之目自令人恨深　嶺南人以檳榔代茶且謂可以禦瘴余始至不能食久之亦能稍稍居歲餘則不可一日無此君矣故嘗謂檳榔之功有四一曰醒能使之醉蓋美食之則熏然頰赤若飲酒然東坡所謂紅潮登頰醉檳榔者是也二

曰醉能使之醒盖酒後嚼之則寬氣下痰餘醒頓解三曰饑能使之飽盖饑而食之則充然氣盛若有飽意四曰飽能使之饑盖食後食之則飲食消化不至停積嘗舉似於西堂先生范旂叟曰子可謂檳榔舉主矣然子知其功未知其德檳榔賦性疏通而不洩氣禀味嚴正而有餘其有是德故有是功也　劉穆之小時家貧誕節不持檢操常往妻江氏家乞食多見侵辱不以爲耻一日食畢求檳榔江氏兄弟戲之曰檳榔消食君乃常饑何忽須此及穆之爲丹陽尹召江氏兄弟令厨人以金拌貯檳榔一斛進之

檳榔紙

紙類木皮而薄瑩滑色微綠宋時人貢以書表

櫰木

櫰木樹皮中有如白米屑者乾擣之以水淋之可作餅似麵交趾盧亭有之

桄榔樹

古南海縣有桄榔樹峰頭生葉有麪大者出麪乃至百斛以牛乳啖之甚美

莎木

莎木謹按蜀記云生南中八郡樹高數十餘丈濶四

五圍葉似飛鳥翼皮中亦有麪彼人作餅食之廣志云作飯餌之輕滑美好白勝桄榔麪味平溫無毒主補虛冷消食彼人呼爲麨麪也

石都念子

石都念子味酸生嶺南樹高丈餘葉如白楊花如蜀葵正赤子如小棗蜜漬爲粉幷美益人隋朝植於西苑也

波羅蜜樹

類冬青而黑潤倍之榦至斗大方結實多者十數少者五六顆皆生于根榦之上狀似冬瓜外結厚皮若

栗蓬多棘刺方熟時可重五六觔去外殼内肉層疊
如橘囊以其甘如蜜故云

九層皮

有名九層皮者脫至九層方見肉熟而食之其味類
栗見手鏡

訶梨勒

圖經曰訶梨勒生交愛州今嶺南皆有而廣州最盛
株似木梡花白子似梔子青黄色皮肉相著七月八
月實熟時採六路者佳嶺南異物志云廣州法性寺
佛殿前有四五十株子極小而味不澁皆是六路每

歲州貢只以此寺者寺有古井木根蘸水水味不鹹每子熟時有佳客至則院僧煎湯以延之其法用新摘訶子五枚甘草一寸皆碎破汲木下井水同煎色若新茶今其寺謂之乾明舊木猶有六七株古井亦在南海風俗尚貴此湯然煎之不必盡如昔時之法也

雲桑

生密縣山野中其樹枝葉皆類桑但其葉如雲頭花又似木欒樹葉微潤開細青黃花其葉味微苦 救饑採嫩葉煠熟換水浸淘去苦味油鹽調食或蒸曬

作茶尤佳

瓜蘆木

瓜蘆木出廣州似茶至苦澁栟櫚蒲葵之屬其子似茶胡桃與茶根皆下孕兆至瓦礫苗木上抽

茶經三卷晁氏曰唐太子文學陸羽鴻漸撰

顧渚山記二卷晁氏曰陸羽撰

煎茶水記一卷晁氏曰唐張又新撰

茶譜一卷晁氏曰僞蜀無文錫撰

建安茶錄三卷晁氏曰皇朝丁謂撰

北苑拾遺一卷晁氏曰皇朝劉异撰

補茶經一卷又一卷晁氏曰皇朝周絳撰
試茶録二卷晁氏曰皇朝蔡襄君謨撰
東溪試茶録一卷晁氏曰朱子安集拾丁蔡之遺
建安茶記一卷晁氏曰呂惠卿撰
聖宋茶論一卷晁氏曰右徽宗御製
茶雜文一卷晁氏曰集古今詩文及茶者
北苑總録十二卷陳氏曰曾伉録
茶山節對一卷陳氏曰攝衢州長史蔡宗顔撰
宣和北苑貢茶録一卷陳氏曰建陽熊蕃叔茂撰
北苑別録一卷陳氏曰趙汝礪撰

品茶要錄一卷陳氏曰建安黃儒道父撰

茶

茶者南方之嘉木也一尺二尺迺至數十尺其巴山峽川有兩人合抱者伐而掇之　一曰茶二曰檟三曰蔎四曰茗五曰荈其地上者生爛石中者生櫟壤下者生黄土　此物畏日宜桑下竹陰地種之二年外方芸治微以火糞溥壅之多則傷根峻坡爲宜平地則兩畔深溝以洩水水浸即死種之三年即收其利　其細如針斯爲上品如雀舌麥顆特次材耳採訖以甑微蒸生熟得所生則味硬熟則味減蒸已用

筐箔薄攤乘濕畧採之焙勻佈火烘令乾勿使焦編竹爲焙裹箬覆之以收火氣茶性畏濕故宜箬收藏者必以箬籠剪箬雜貯之則久而不浥宜置頓高處令常近火爲佳凡煎試須用活水活火烹之故東坡云活水仍將活火烹者是也活水謂山泉水爲上江水次之井水爲下活火謂炭火之有焰者當使湯無妄沸始則蟹眼中則魚目纍然如珠終則泉湧鼓浪此候湯之法非活火不能辦東坡云蟹眼已過魚眼生颼颼欲作松風聲盡之矣

飲眞茶令人少眠

唐世說新語右補闕毋煚博學有著述才性不飲茶

致代茶餘序其略曰釋滯銷壅一日之利暫佳瘠氣侵精終身之累斯大獲益則歸功茶力貽患則不爲茶災豈非福近易知禍遠難見　種茶樹必下子移植則不復生故俗聘婦必以茶爲禮

蒙山茶

茶譜云蒙山有五頂頂有茶園其中頂曰上清峰昔有僧人病冷且久遇一老父謂曰蒙之中頂茶當以春分之先後多聚人力俟雷之發聲併手採摘三日而止若獲一兩以本處水煎服即能祛宿疾二兩當眼前無疾三兩固以換骨四兩即爲地仙矣其僧如

說獲一兩餘服未盡而疾差其四頂茶園採摘不廢惟中峰草木繁密雲霧蔽　鷙獸時出故人跡不到矣近歲稍貴此品製作亦精於他處　圖經載蒙頂茶受陽氣全故芳香唐李德裕入蜀得蒙餅以沃於湯瓶之上移時盡化以驗其眞　蒙頂又有五花茶其片作五出　蒙山白雲巖産雲茶雲茶山茶之別名

清人樹

僞閩茸露堂前兩株茶鬱茂婆娑宮人呼爲清人樹每春初嬪嬙戲摘新芽堂中設傾筐會

日鑄茶

歐公曰兩浙產茶紹興日鑄第一

茗池源茶

根株頗碩生於陰谷春夏之交方發萌莖條雖長旗鎗不展乍紫乍綠天聖初郡守李虛巳太史梅詢試之品以爲連溪顧渚不過也

灉湖茶

灉湖諸灘舊出茶謂之灉湖李肇所謂岳州灉湖之含膏也唐人極重之見於篇什今人不甚種植惟白鶴僧園有千餘本土地頗類此苑所出茶一歲不過

一二十兩土人謂之白鶴茶味極甘香非他處草茶
可比並茶園地色亦相類但土人不甚植爾

蓮花茶

就池沼中早飯前日初出時擇取蓮花蕊畧破者以
手指撥開入茶滿其中用麻絲縛扎定經一宿明早
連花摘之取茶紙包曬如此三次錫罐盛扎口收藏

後魏錄瑯琊王肅仕南朝好茗飲蓴羹及還北地
又好羊肉酪漿人或問之茗何如酪肅曰茗不堪
與酪爲奴

唐書常魯使西蕃烹茶帳中謂蕃人曰滌煩療渴

所謂茶也番人曰我此亦有命取以出指曰此壽州者此顧渚者此蘄門者

蔡君謨善別茶建安能仁院有茶生石縫間寺僧採造得茶八餅號石巖白以四餅遺君謨以四餅密遣人走京師遺王內翰禹玉歲餘君謨被召還闕訪禹玉禹玉命子弟於茶笥中選茶之精品碾待君謨君謨捧甌未嘗輒曰此極似能仁石巖白公何從得之禹玉未信索茶貼驗之乃服

宋二帝北狩到一寺中有二石金剛並拱手而立神像高大首觸桁棟別無供器止有石盂香爐而

巳有一胡僧出入其中僧揖坐問何來帝以南來爲對僧呼童子點茶茶味甚香美再欲索之僧與童子趨堂後而去移時不出求之寂然空舍惟竹林間有一小室中有石刻胡僧并二童子侍立視之儼然如獻茶者

荔枝譜一卷荔枝故事一卷晁氏曰皇朝蔡襄記建安荔枝味之品第凡三十餘種古今故事

增城荔枝譜一卷陳氏曰無名氏

荔枝譜

荔枝樹高五六丈大如桂樹緑葉蓬蓬冬夏榮茂青

華朱實大如雞子核黄黑似熟蓮子肉白如肪甘而多汁似安石榴有酸甜者至日將中翕然俱赤則可食也樹下子數斛性熱人日噉千顆未嘗作疾即少熱以蜜漿解之民間以鹽梅鹵浸佛桑花爲紅漿投荔枝淡乾曝之色紅而甘酸可三四年不蛀南人多以核之細者爲珍謂之焦核然此樹最忌射香或遇之花實落盡也　荔枝子閩中爲上川蜀次之嶺南又次之味甘無毒宋端明著荔枝譜通論興福漳泉四郡其名家不過十有二品其下三十二品不論也有名桂林皮麄大如雞子味甜一名中冠皮光而薄

味清甘一名金鍾皮畧麄色青黄味佳大類桂林皆
六月熟一名火山核大味甘酸四月先熟一名早紅
類火山五月熟又有狀元紅一種形圓味甚佳仙惟
楓亭爲多時獨重之

蔡君謨荔枝譜論

荔枝之於天下惟閩粤南粤巴蜀有之漢初南粤王
尉佗以之備方物於是始通中國　東京交趾七郡
貢生荔枝十里一置五里一堠晝夜奔騰有毒蛇猛
獸之害臨武長唐羌上書言狀詔大官省之魏文帝
有西域蒲桃之比世識其謬論豈當時南北斷隔所

擬出於傳聞耶　興化軍風俗園池勝處惟種荔枝當其熟時雖有它果不復見省大重陳紫富室大家歲或不嘗雖列品千計不爲滿意陳氏欲採摘必先閉戸隔牆入錢度錢與之得者自以爲幸不敢較其直之多少也今列陳紫之所長以例衆品其樹晚熟其實廣上而圓下大可徑寸有五分香氣清遠色澤鮮紫殼薄而子瓤厚而瑩膜如桃花紅核如丁香母剝之凝如水晶食之消如絳雪其味之至不可得而狀也荔枝以甘爲味雖百千株莫有同者過甘與淡失味之中惟陳紫之於色香味自拔其類此所以爲

天下第一也凡荔枝皮膜形色一有類陳紫則已爲中品若夫厚皮尖刺肌理黄色附核而赤食之有査食已而澁雖無酢味亦自下等矣　品目總三十有三惟江家緑爲州之第一　蔡君謨荔枝譜荔枝有十八娘者其色深紅而細長閩中王氏有女好噉此品因而得名　商人不計美惡悉爲紅鹽

龍眼

一名龍目一名比目樹如荔枝但枝葉稍小殼青黄色肉白而帶漿其甘如蜜一朶動五六十顆作一穗如蒲萄然荔枝過即龍眼熟故號曰荔枝奴　有一

種最大者曰虎眼肉厚味甘食之益人

銀杏譜

銀杏之得名以其實之白一名鴨脚取其葉之似其木多歷歲年其大或至連抱可作棟梁又名公孫樹言其實久而後生公種而孫方食有雌雄雄者二稜雌者三稜須合種之二更開花三更結實或在池邊能結子而茂盖臨池照影亦生也又云不結子於雌樹鑿一孔入雄樹木一磈以泥塗之便生子　禹會封在塗山西南二十里許土地平衍相傳爲禹會諸侯處塗山頂有銀杏一株大可數百圍不知年矣

巴旦杏

有似棗而酣者名忽鹿麻

杏譜

典術曰杏者東方歲星之精也　杏類梅者味酢類桃者味甘西京雜記曰文杏材有文彩蓬萊杏東郭都尉于吉所獻一株花雜五色出云是僊人所食北方有一種杏甚佳赤色大而稍匾肉厚謂之肉杏又謂之金剛拳言其大也　述異記洲中有冬杏　武功山圖坪菴一名小桃源有二杏樹逼簷對峙各大丈餘東花西實至明年花實易向矣此植物所無也

金杏

酉陽雜俎云金杏種出濟南郡東南之分流山盖其上飲天漿下吸地沫故其生繁大於梨黄於橘而味爲獨美昔漢武帝訪蓬瀛有獻是者帝嘉之故今人猶呼爲漢帝果山東通志

二花

阮文姬插鬢用杏花淘浦呼爲二花

争春館

楊州軍迹曰太守園中有杏花數十株毎至爛開張大宴一株令一娼倚其傍立館曰争春開元中宴罷

夜闌人或聞花大歎聲

還杏

後周書張元性廉潔南隣有杏二樹杏熟多落元園中悉以還主

董奉種杏

吳董奉候官人有道術居山不種田爲人治病亦不取錢重病愈者使栽杏五株輕者一株如此數年計得十餘萬株鬱然成林乃使山中百禽群獸遊戲其下竟不生草常如芸治後杏子大熟於林中作一草倉示時人曰欲買杏者不須報奉但將穀一器置倉

中郎自往取一器杏去嘗有人置穀少而取杏多者群虎輙吼逐之

栽杏子法

杏須熟者口中銜過種肥土中及牛馬糞擁之出後不宜更移動則易生一移則五六年不生此良法也

杏花垂楊一逕紫苔封人語蕭蕭院落中獨有杏花如喚客倚牆斜日數枝紅　遊園不值應嫌屐齒印蒼苔十扣柴扉九不開春色滿園關不住一枝紅杏出牆來　次韻杏花只愁風雨劫春回怕見枝頭爛熳開野鳥不知人意緒啄教零亂點蒼

苔

梅譜范石湖作梅譜凡九十餘種

榔梅

在太和山相傳貞武折梅枝寄榔樹之上仰天誓曰吾若道成花開果結後竟如其言今樹尚存

鴛鴦梅

一種一蔕結雙實名爲鴛鴦梅

重葉梅

花頭甚豐葉重數層盛開如小白蓮梅中之奇品花房獨出而結實多雙尤爲瑰異

古梅

其枝樛曲萬狀蒼蘚鱗皴封滿花身又有苔鬚垂於枝間或長數寸風颺綠絲飄飄可玩去成都二十里有卧梅偃蹇十餘丈相傳唐物也清江酒家有大梅如數間屋可羅坐數十人余平生見梅奇古惟此兩處

蠟梅

本非梅類以其與梅同時香又相近色酷似蜜脾故名蠟梅凡三種以子種出不經接花小香淡其品最下俗謂之狗蠅梅經接花疎　盛開花常半含名磬

口梅言似僧磬之口也最先開　色深黃似紫檀花密香穠名檀香梅此品最佳蠟梅香極清芳殆過梅香初不以形狀貴也故難題詠山谷簡齋但作五言小詩而已此花多宿葉結實而垂鈴尖長寸餘又如大桃奴子在其中　黃山谷謂京洛間有一種花香氣如梅類女工撚蠟所成因名

梅籃

永嘉閨婦以青梅雕剜脫核鏤以花鳥纖細可愛以手擘之玲瓏如小盒闔之復爲梅謂之梅籃李太白詩云琢盤薦雕梅豈即梅籃歟

世外佳人

袁豊之居宅後有六株梅開時曾爲隣屋煙氣所爍乃圍泥塞竈張幕蔽風久而又折其屋曰冰姿玉骨世外佳人但恨無傾城笑耳

壽陽粧

宋武帝女壽陽公主人日臥於含章簷下梅花落於公主額上自後有梅花粧今安豊軍有花靨鎮即其地也

梅梁

越俗謂會稽山夏禹廟中有梅梁忽一春而生枝葉

嶺梅

舊人味嶺梅南枝向暖北之寒句以梅比擬文文山兄弟當也今人卽以大槩梅花分南北而爲冷暖錯矣蓋大庾嶺上梅花南枝落北枝方開蓋由南入粵北近江也

淡粧美人

隋開皇帝趙師雄遷羅浮一日天寒日暮於松林間見美人淡粧素服出迎時殘雪未消月色微明師雄與語極麗芳香襲人因與之叩酒家共飲少頃一綠衣童子來笑歌戲舞師雄醉寢但覺風寒相襲久之

方已自起視乃在大梅花樹下上有翠羽啾嘈相顧月落參横但惆悵而已

梅花賦

皮日休梅花賦序云宋廣平爲相疑其鐵心石腸不解吐軟媚詞觀其梅花賦清新麗妍便巧富艷得徐庾體殊不類其爲人也東坡詩云爲君援筆賦梅花不害廣平心似鐵

梅園雜考

范汪至能啖梅常置一斛奩須臾啖盡　北方荒外有石湖焉方重中有横公魚夜化爲人刺之不入煑

之不死以烏梅二十七煑之而即熟可巳邪病　綺
里丹法以梅煑之

栽培法

梅結實最遲諺曰桃三李四梅十二必十二年方結
實和泥移種接桃最大接李紅耳爾雅曰梅柟也梅
上接冬青開梅花荼或冬青上接亦然　苦楝樹上
接梅花則成墨梅

梅州

自彭鋪至楊田梅花十餘里誠齋一行誰栽十里梅
下臨溪水恰齊開此行便是無官事只爲梅花也合

來

雜詩

牆角數枝梅淩寒獨自開遥知不是雪爲有暗香來王安石

一樹寒梅白玉條逈臨村野傍溪橋不知近水花先發疑是經春雪未消戎昱

玉女來看玉樹花異紅先引紫雲車攀枝弄雪時回首驚怪人間日易斜劉禹錫

斷塹踈籬一水濵壓枝冰雪眼中春懸知東閣一端興不減楊州千載人晚歲風霜從慘淡寒稍氣象自清眞此來定作西湖夢踈影横邪訪舊隣韓子蒼

爲探梅魁策蹇驢竹稍踈處見清癯清香雅

韻十分足俗態囂塵一點無寄我誰能如陸凱愛渠自謂若林逋夜窗卻恐勞清夢速剪寒梢浸玉壺陳亮

百葉梅細朶斜枝惱意香月明疎景媚寒塘懸知不結青青子故作無情淡淡粧

黃梅詩 異色深宜晚生香故觸人不施千點白別作一家春后山

綠萼梅萼枝宮裏小偎娃暫別椒房抑翠華底事塵緣猶未斷摘來人世作名花

柳營梅 亞夫才略動英風手種氷花玉疊中不是將軍閑好事爲渠止渴有成功

疎梅 數箇氷花三五枝東風點綴特新奇黃昏照影臨清淺寫出林逋一句詩

月梅 黯香浮動正

朦朧古樹橫斜淺水中清景蒲前吟未就又移踈影過溪東　尋梅行過野徑復溪橋踏雪相求不憚遥何處藏春春不見惟聞風裡暗香飄　折梅素手分開庾嶺雲間花覓取一枝春隴頭驛使今無便留向山窓對此君 馮海粟　中宫命寫梅雪後瓊枝嫩霜中玉蕋寒前村留不得移入月宫看 常夫人　緑窓遺稿粲粲梅花樹盈盈似玉人甘心對氷雪不愛艷陽春

孫蕙蘭

梅嬌滿庭芳詞

一種陽和玉英初綻雪天分外精神氷肌玉骨別是

一家春樓上笛聲三弄百花都未知音明窓畔臨風對月曾結歲寒盟笑杏花何太晩遲疑不發等待春深只宜遠望舉目似燒林麗質芳姿雖好一時取媚東君爭如我青青結子金鼎內調羮

杏俏滿庭芳詞

景傍清明日和風暖數枝濃淡胭脂春來早起惟我獨芳菲幾番雨過似佳人細膩香肌堪賞處玉樓人醉斜插滿頭歸梅花何太早消疎骨肉葉密花稀不逢媚景開後甚孤恓恐怕百 笑你茸心受雪壓霜欺爭如我年年得意佔斷踏青時

詠梅三絶

予師馬鶴窓先生云林和靖君復踈影横斜水清淺暗香浮動月黄昏之句寫梅之風韻高侍郎季廸雪滿山中高士卧月明林下美人來之句狀梅之精神楊鐵崖廉夫萬花敢向雪中出一樹獨先天下春之句道梅之氣節餘子瑣瑣不足録矣

梅花单題

梅花单題難工尚矣至以梅花二字置之五七言中隨其景趣足而成律尤爲難工不爾不謂之得句唐人凡數百家本朝江西社中不翅數十公亦孰不竊

寐斯花附爲不朽卒之無所容力傳不傳可以槩見矣近世杜小山子野尋常一夜窓前月纔有梅花便不同殊爽人意律之唐人似非本色天樂趙公放了吏人無一事坐看山鳥喫梅花端是秀語然不過絕詩非有琢對之艱也秋壑賈公送朝客頸聯云梅花見處多留句諫草藏來定得名圓妥優游方之天樂冬夜領聰禽飜竹葉霜初下人立梅花月正高雖靜獨有境或者以其短氣其它卷什一無可摘自從和靖先生死見說梅花不要詩斯語雖鄙要未得爲詎論

辯月落參横

洪景盧容齋隨筆云今人梅花詩詞多用參横二字蓋出龍城録所載趙師雄事然此實妄書或以爲劉無言所作也其語云東方已白起視大梅花樹下月落參横且以冬半視之黄昏時參已見至丁夜則西没矣安得將旦而横乎秦少游詩月落參横畫角哀暗香銷盡令人老承此誤也唯東坡云紛紛初疑月掛樹耿耿獨與參横昏乃爲精當老杜有城擁朝來客天横醉後參以前篇考之蓋初秋所作也

李

春秋運斗樞曰玉衡星散爲李　瀨鄉老子祠有紅標李一李二色　顔淵李出魯

均亭李

江南建寧有一種名均亭李紫色極肥大味甘如蜜南方之李此實爲最

九標李

蕭瑀陳叔達論李花有九標謂香雅細淡潔密宜月夜宜綠鬢宜冷酒無異色承平舊纂

韓終李

叙聞録憲宗以鳳李花釀換骨醪賜裴度

洞冥記琳國有玉葉李五千年一熟仙人韓終服之一名韓終李

龍耳墮血

崔奉國家一種李肉厚而無核識者曰天罰乖龍必割其耳血墮地生此李也出琴乖美事

異蹟飛僊狀

沅陵伍貫卿家李花一月夜奴婢遥見花作數團如飛僊狀上天去花上露水倏作雨數千點花則亡矣出樞要録

懿宗咸通十四年四月成都李實變爲木瓜時人

以爲李國姓也變者國奪於人之象通考　國朝嘉
靖三十年象山縣李樹生王瓜三十一年諸縣李
樹生王瓜諺云李樹生王瓜百里無人家已而果
爲倭奴剽殺甚衆寧波郡志　正德十四年己卯三月
李結實如瓜其味甜其長寸四月水免其租半安慶
府志　岑樓慎氏曰萬曆六年冬木氷七年大水復
種與原種同獲八年予園中李樹生王瓜水過七
年復種無收大荒今觀是志果驗故録之

柰

白柰　紫柰花紫色　緑柰花緑色　烏哀國有紫柰大

如斗甜如蜜核紫花青研之有汁如漆可染衣其汁
着衣不可湔浣亦名闍衣柰

林檎

林檎一名來檎似柰而小洪玉父曰以味甘來衆禽
也觀王羲之不見來禽青李之帖豈非古人之所重
哉

句曲山房熟水法削沉香釘數箇插入林檎中置
餅內沃以沸湯密封餅口久之乃飲其妙莫甚

桃

春秋運斗樞曰玉衡星散爲桃易通卦驗曰驚蟄大

壯初九桃始華不華食庫多火桃枝四寸有節今桃枝節間相去多四寸　拾遺記漢明帝世有獻巨核桃者霜下結花隆暑方熟使植於霜林園

金桃

康居大唐貞觀二十一年其國獻黃桃大如鵝卵其色如金亦呼爲金桃　日本國有金桃其實重一觔

太原有金桃色深黃　柿樹接桃枝則爲金桃早熟者謂之絡絲白晚熟者謂之過鴈紅

油桃

京畿油桃小於衆桃有赤斑點而光如塗油

一石桃

吐谷渾桃大如石甕

句鼻桃

鄴中記曰石虎苑中有句鼻桃重二觔

玉桃

崑崙山有玉桃先明洞徹而堅瑩洗以玉井泉洗之
便軟可食

僊人桃

景陽山百果園有僊人桃其色赤表裏照徹得霜乃
熟

郡國志靈臺山天柱巖有一桃樹高五尺皮是桃
心肉似栢張陵與王良趙升試法於此日百餘年
桃迄今不朽有小碑記之
磅礴山去扶桑五萬里日所不及其地甚寒有桃
樹千圍萬年一實

四月桃花

出大林寺記唐白居易詩曰人間四月芳菲盡山寺
桃花始盛開長恨春歸無覔處不知轉入此中來

植桃若霞

劉禹錫入爲主客司郎中復作游玄都詩且言始謫

十年京師道士植桃其盛若霞又十四年過之無復一存唯兎葵燕麥動搖春風耳以詆權近聞者益薄其行

桃香異常

史論在齊州時出獵至一縣界憩蘭若中覺桃香異常訪其僧僧不及隱言近有人施二桃因從經接下取出獻論大如飯盌論時饑盡之核大如雞卵論因詰其所自僧導論北去上山越澗至一處布泉怪石非人境也有桃數百株幹掃地高二三尺其香破鼻論與僧各食一蔕馥果然矣論亦疑僧非常取兩箇

而返同上五格

偏桃

出波斯國波斯呼爲婆淡樹長五六丈圍四五尺葉似桃而濶大三月開花白色花落結實狀如桃子而形偏故謂之偏桃其肉苦澁不可噉核中仁甘甜西域諸國並珍之

櫻桃

以鶯鳥所含故亦名含桃李直方第果品以櫻桃爲第三　道流陳景思説勅使齊日昇養櫻桃至五月中皮皺如鴻柿不落其味數倍人不測其法　櫻桃

令人好顏色　雨中雜興池上櫻桃開乍繁雨中顏色忽摧殘無端老眼模糊甚却與梅花一樣看

桃核

常見市人以桃核量米一升云於九嶷溪中得

桃花絲織鞋

青齊間桃花有一種盛開時垂絲二三尺者採之練以松脂遞相纏織成鞋屨寄往都下人皆不辨何物出青州雜記

龍華寺夾道皆古木木杪有絲飄蕭下垂如緑髪長數尺許土人謂之樹衣登山者多取而佩之

助嬌

御苑有千葉桃帝親折一枝插于妃子寶冠上曰此花尤能助嬌態

妬記

武陽女嫁阮宣武絶忌家有一株桃樹華葉灼燿宣嘆美之卽便大怒使奴取刀斫樹摧折其華

評花

宋錢康功言予嘗評花品以梅有林下之風杏有閨房之態桃如倚門市娼李如東隣貧女以予論之則不然詩不云乎何彼穠矣花如桃李盖以興王姬公

子也何負於杏而鄙賤之若此耶康公之評如游女摘花競其色也

棗

地理志河中府貢龍骨棗　洗大棗名出爾雅　拂菻千年棗　耆舊說周秦間河南雨酸棗遂生野棗今酸棗縣是也　西王棗出崑崙山　北方有七尺棗述異記　六府皆有之東昌屬縣獨多種類不一土人製之俗名曰膠棗曰牙棗商人先歲冬計其木夏相其實而值之貨於四方

碧棗

杜陽編處士元藏大業元年爲海使判官遇風浪壞船獨爲破木所載忽達于洲島洲人曰此乃滄洲有碧棗大如梨

蔣覵棗

正德間崇德民人蔣覵素事鍾呂好植果木一日曉有老人過門我有棗枝可種也蔣受而植之逾時爲童本矣明年即生佳棗形色氣味浙地無可與比者肉且離核墜地即碎至今存焉人亦以爲僊種也

異苑曰太元中南郡州陵縣有棗樹一年忽生桃李棗三種花子

河中永樂縣出棗世傳得棗無核者食可度世里有蘇氏女自小獲而食之不食五穀年五十嫁顏如處子自亂離後莫知其所北夢瑣言　又神僊傳云永樂有無核棗道士候道華獨得之

榧

樹大連抱葉客類杉實生與檄椰同形秋熟色紫褐而脆

柹

許州土貢地理志許州土貢柹　酉陽雜俎俗謂柹樹有七絕一壽二多陰三無鳥巢四無蟲五霜可翫六嘉實七

落葉肥火　柿子接及三次則全無核

取葉肄書

鄭虔好書常苦無紙於是慈恩寺貯柿葉數屋遂往日取葉肄書歲久殆遍

梨

本草名快果　地理志河中府上貢鳳棲梨　梨六府皆有之其種曰紅消曰秋白曰香水曰鵝梨曰瓶梨出東昌臨清武城者爲佳　漢武帝園梨大五升落地則碎名含消梨　洛陽報德寺梨重六觔　金葉梨出琅琊王野家太守王唐所獻　東王梨出海

中　瀚海梨出瀚海北耐寒不枯　紫花梨消心熱
本草唐武后患此疾青城山邢道人進此即愈　三
藏梨在舊梨州治小廳東世傳唐三藏游西域經行
植梨杖於此云他日州治在此後果遷如其言其後
梨成株高五丈圍九尺　西路產梨處用刀去皮切
作瓣子以火培乾謂之梨花當充貢獻實爲佳果
絳雪堂在楚塞樓前宋知州朱慶基會飲紅梨花盛
開歐陽修賦詩　桑上接梨則脆而甘岑樓愼氏曰灼艾
集桑梨之論大謬故不録　鍾梨春分日將旺梨條
作枴樣斫下兩頭以火燒又燒紅鐵器烙定津脉栽

之入地二尺二尺只春分一日可用

楂梨

張敷小名楂父邵小名梨帝戲曰楂何如梨敷答曰梨百果之宗楂何敢比

洗粧酒

唐餘録曰洛陽梨花時人多携酒其下曰爲梨花洗粧

李昇本徐氏家有梨大如升會隣里共食剖之有赤蛇在實中大驚走毋榻下未幾毋孕生知誥吳越備史

江岸梨

梨花有思緣和葉一樹江頭惱殺君最似孀閨少年婦白粧素袖碧紗裙

頗梨

千歲積氷結爲頗梨

木竹子

皮色形狀全似大枇杷肉甚美秋冬間實

羅望子

殼長數寸如肥皂又如刀豆色正丹内有二三實煨食甚美

鸚鵡舌

即紅鹽草果之珍者實始結即頻取紅鹽乾之纔如小舌

薁

説文曰薁櫻也

栗

東觀書栗駭蓬轉令栗房秋罅實躍如爆去根榦甚遠所謂栗駭其質縝密故稱玉縝密以栗黃栗謂之栗玉又戰栗敬謹也栗至罅發之時將墜不墜尤有戰栗之象　嶧陽都尉曹龍所獻大如拳　酉陽雜

俎虔州南有瀟栗形如棗核　桂陽有栗叢生大如
柿子

栗綴鼻中

道人殷七七嘗爲一官僚召飲有佐酒倡優笑之七
七取栗散之皆聞異香出自栗中惟笑七七者栗綴
鼻中復聞穢氣殆不堪忍共爲謝過栗乃墜續神僊傳

楊梅塢

塢內有一老嫗姓金其家楊梅甚盛俗所謂金婆楊
梅是也東坡荅參寥子惠楊梅詩云新居未換一根
椽只有楊梅不值錢莫共金家鬭甘苦參寥不是老

婆禪盖謂此也至今其地楊梅之美異於他處産者

獻楊梅仁

王薿字豐父守會稽童貫時方用事貫苦脚氣或云楊梅仁可療是疾豐父裒五十石以獻之後擢待制再任不歷貼職徑登次對惟豐父一人此揮麈録所載也盱孟佗獻凉州之酒程松市北珠之冠小人之恒態也不知五十石楊梅仁何以能裒乎

黄甘橙楱

郭璞曰黄甘橘屬楱乃小橘也武陵有之

橙

橙似橘樹而有刺葉大而形圓北地亦無此種今人取橙皮合湯香味殊美栽植無異於橘而其香則橘又不得比焉劉彥冲詩云橙橘甘酸各有能南包橘柚不同升菓中亦抱遺才歎有客攀條氣拂膺　郭璞注蜀中有給客橙冬夏花實相繼通歲食之

柑

柑樹爲蟲所食取螘窠於其上則蟲自去柑甘也橘之甘者也莖葉無異於橘但無刺爲異耳地不彌一里所其柑大倍常皮薄味珎脉不粘瓣食不留滓一顆之核纔見一二間有全無者然又有生枝柑有郛

柑有海紅柑有衢柑雖品不同而温台之柑最良歲充上貢焉昔李衡於武陵龍陽洲上種柑千樹謂其子曰吾州里有千頭木奴不責汝衣食歲止一疋亦足用矣及柑成歲輸絹數千疋故史游急就篇註云木奴千無凶年蓋言可以市易穀帛也柑之大者擘破氣如霜霧故老杜云破柑霜落爪是也庾肩吾云王逸爲賦取對荔枝張衡製辭用連石蜜足使萍實非甜蒲萄猶館其重貴如此　新州出變柑有苞大於升者且皮薄如洞庭之橘餘柑之所不及傳云移植不數百里形味俱變因以爲名亦如踰淮爲枳乃

水土異也　柑顆者爲壺柑卽乳柑惟温之泥山爲最　係年録民有柑實霜後郡例科市於民以遺權要張九成罷柑宴　戴仲若春日携雙柑斗酒人問何之答曰往聽黃鸝聲此俗耳鍼砭詩腸鼓吹　董元素自江南來宣宗召見留於翰林中宿泊夜召與語曰聞公頗有神術今南中柑橘正熟卿能置之否元素對曰請安一合於御榻前數刻間有微風入簾元素乃啓其合柑子滿其中奏曰此江陵枝江縣柑也遠處恐遲上嘗之鷲歎　柳州城西北隅種柑樹手種黃柑二百株春來新葉徧城隅方同楚客憐皇

樹不學荆州利木奴幾歲開花聞噴雪何人摘實見
垂珠若教坐待成林日滋味還堪養老夫柳文

橘録一卷陳氏曰知温州延安韓彦直子温撰世
忠長子也

橘

春秋運斗樞曰旋樞星散爲橘　食貨志云蜀漢江
陵千樹橘其人與千戸侯等　橘渡江北化爲枳今
之江東甚有枳橘　越多橘柚有税戸名橘籍
漏縣有白橘青柑縹杏

金橘

金橘出營道者爲天下冠出江浙者皮甘肉酸不逮
矣

合歡橘

明皇種於蓬萊宮結一合歡橘實上與妃子持翫曰
此果似知人意

如盎橘

巴園人收兩大橘如三斗大盎剖之有二叟相對身
長尺餘象戲一叟曰橘中之樂不減商山但恨不得
深根固蔕爾一叟曰僕饑矣須龍脯食之食訖以水
噴地爲二白龍而去

王僧辯嘗爲荆南得橘一蔕三十子以獻梁元帝

漢章帝元年上虞縣獻二蔕瓜一實二蔕及玉色
橘

石榴

榴本名若榴初來安石國故曰石榴亦曰安石榴張騫使大夏所得又云從海外新羅國來故名海榴想爾時維紅色一種故又名丹若今則有千葉深紅結實者名寶珠榴有千葉深紅不結實者又有一单葉樹甚小長不逾尺可供盆几之玩名火石榴甚能開花亦有千葉者此外有一種白花曰白石榴黄花者

曰黃石榴藍花者曰青石榴古人所不載者莊布詩云鸚鵡啄殘紅豆顆此言子赤也皮日休詩云嚼破水晶千萬粒此言子白也子有甜酸詳格物總論段成式曰白馬甜榴一實直牛廿者名天漿

三十八

河陰石榴名三十八者其中只有三十八粒子注云中原河陰者最佳是也

南詔石榴子皮薄如藤子味絕於洛中

劉后村炎州氣序異十月榴始華

金荆榴

煬帝令朱寬征留仇國還獲男女口千餘人并雜物産與中國多不同緝木皮爲布甚細白幅闊三尺二三寸亦有細斑布幅闊一尺又得金荊榴數十觔木色如真金密緻而文彩盤蹙有如美錦甚香極精可以爲枕及案面雖沉檀不能及

取斧伐樹

秦檜爲相日都堂左揆前有石榴一株每著實檜嘿數焉忽亡其二檜佯不問一日將排馬忽顧左右取斧伐樹有親吏在旁倉卒對曰實佳甚去之可惜檜反顧曰汝盜食吾榴吏叩頭服

賜石榴詩

勑曰尚食所進石榴味清而雅朕嘗一 御輙有託物興懷之意因成一詩并賜卿等以見非獨欲同此味而已其尚有以體予懷哉詩曰苑内摘來群玳瑁心中吐出萬珠璣爲憐頗有鹽梅味用啓忠良卒莫違

又勑曰文詞不免淺近卿等毋令刪正

石榴花塔

石榴花塔在郡城西北北京時有婦事姑至孝一日殺鷄爲饌姑食鷄而死姑女訴于官婦坐罪無以自明臨刑九折石榴花一枝插地而祝曰妾若毒姑花即

枯瘁若屬誣枉花可復生其後花果生時人謂天彰
其冤

榴花洞

在閩縣之東山唐永泰中樵者藍超遇白鹿逐之渡
水入石門始極窄忽豁然有鷄犬人家王翁謂曰吾
避秦人也留卿可乎超云欲與親舊訣乃來與榴花
一枝而出恍若夢中而往竟不知所在

韋使君宅海榴詠

淮陽卧理有清風臘月榴花帶雪紅閑閣寂寥常對
此江湖心在數枝中

題山石榴花

一叢千朶壓欄杆剪碎紅綃却作團風嫋舞腰香不盡露銷粧臉淚新乾薔薇帶刺攀應懶菡萏生泥翫亦難爭及此花簷戶下任人採弄盡人看

戲問山石榴

小樹山榴近砌栽半含紅蕚帶花來爭知司馬夫人妬移到庭前便不開

杭

杭大樹也其皮厚味近苦澀剝乾之正赤煎訖以藏衆果使不爛敗以增其味豫章有之

附全五册目録